Deepak Chand Sharma
Praveen Kr Srivastava
Nivedita Mishra

Explorando os micróbios produtores de proteases ácidas do solo

Explorando os micróbios produtores de proteases ácidas do solo

Deepak Chand Sharma
Praveen Kr Srivastava
Nivedita Mishra

Explorando os micróbios produtores de proteases ácidas do solo

ScienciaScripts

Imprint

Any brand names and product names mentioned in this book are subject to trademark, brand or patent protection and are trademarks or registered trademarks of their respective holders. The use of brand names, product names, common names, trade names, product descriptions etc. even without a particular marking in this work is in no way to be construed to mean that such names may be regarded as unrestricted in respect of trademark and brand protection legislation and could thus be used by anyone.

Cover image: www.ingimage.com

This book is a translation from the original published under ISBN 978-620-2-00435-0.

Publisher:
Sciencia Scripts
is a trademark of
Dodo Books Indian Ocean Ltd. and OmniScriptum S.R.L publishing group

120 High Road, East Finchley, London, N2 9ED, United Kingdom
Str. Armeneasca 28/1, office 1, Chisinau MD-2012, Republic of Moldova, Europe
Printed at: see last page
ISBN: 978-620-7-73663-8

Índice:

Capítulo 1 — 4

Capítulo 2 — 8

Capítulo 3 — 23

Capítulo 4 — 28

Capítulo 5 — 31

Exploração de produtores de proteases ácidas

Micróbios do solo

Editores:

Dr. D.C. Sharma

Dr. P.K. Srivastava

Reconhecimento

A minha dissertação não é o resultado apenas do meu próprio esforço, mas do esforço conjunto de várias pessoas que, direta ou indiretamente, me motivaram, encorajaram e ajudaram.

Expresso a minha mais sincera gratidão aos meus pais que me apoiaram incondicionalmente. Depois, ao meu professor e orientador, **Dr. D.C. Sharma**, coordenador do Departamento de Microbiologia, pela sua incansável e inspiradora supervisão, avaliação crítica e valiosas sugestões durante a apresentação da dissertação, apesar do seu atarefado envolvimento académico. A sua orientação e cooperação afectuosa permitiram-me apresentar este trabalho na sua forma atual.

Nesta série, não posso deixar de agradecer ao meu colega de turma e amigo **Pankaj Kumar** pelo seu contributo e ajuda na minha dissertação.

Aproveito esta oportunidade para exprimir a minha profunda gratidão aos meus respeitados professores e amigos pelos seus votos de felicidades e pelo seu persistente encorajamento.

Por último, mas não menos importante, estou grato ao Todo-Poderoso, pois é graças à Sua graça que sou abençoado com estas pessoas na minha vida.

Nivedita Mishra

Capítulo 1

Introdução

As enzimas são de importância vital para a existência da própria vida, sendo uma proteína especializada produzida num organismo que é capaz de catalisar uma reação química específica. A depilação enzimática efectuada por enzimas proteolíticas é de grande importância comercial, contribuindo para mais de quarenta por cento (40%) das enzimas produzidas comercialmente em todo o mundo, para além de que, no processo industrial, são utilizadas cerca de cinquenta por cento (50%) (Pepper *et al.*, 1963).

As enzimas industriais atualmente utilizadas têm uma ação hidrolítica e são utilizadas para a degradação de várias substâncias naturais. Devido à utilização extensiva da protease nas indústrias de detergentes e de lacticínios, é conhecida como o tipo de enzima dominante. As carbohidrases, como as amilases e as celulases, são utilizadas em várias indústrias, como a do amido, a têxtil, a dos detergentes e a da panificação. A sua produção é uma capacidade inerente a todos os microrganismos. As bactérias (*Bacillus*), que são os produtores de proteases alcalinas mais comuns, são a fonte mais comum. As proteases são utilizadas em detergentes, na indústria dos lacticínios, nos curtumes, na panificação e na indústria cervejeira (Underkofler et *al.*, 1957).

A tecnologia de produção de produtos enzimáticos comercialmente importantes inclui a disciplina de microbiologia, genética, bioquímica e engenharia. As enzimas actuam como biocatalisadores que são produzidos por células vivas e catalisam reacções bioquímicas específicas dos processos metabólicos das células (Mohammad *et al.*, 2013)

As proteases (peso molecular, 18 - 90 kDA) são as enzimas que ocupam uma posição central no que respeita à sua aplicação nos domínios fisiológico e comercial. As enzimas proteolíticas catalisam a clivagem das ligações peptídicas nas proteínas. As proteases, que são enzimas de degradação, catalisam a hidrólise total das proteínas (Raju et al., 1994; Sidney e Lester, 1972). Estas enzimas encontram-se em várias fontes (plantas, animais e microrganismos), mas a sua principal fonte são as bactérias e os fungos (Ward, 1985). Os avanços nas técnicas analíticas demonstraram que as proteases realizam modificações altamente específicas e selectivas das proteínas, tais como a ativação de formas **zimogénicas** de enzimas através de uma **proteólise** limitada, a coagulação do sangue e a lise de coágulos de fibrina, bem como o processamento e o transporte de proteínas secretas através das membranas (Rao *et al.*, 1998). O valor atual estimado das vendas mundiais de enzimas industriais é de mil milhões de dólares (Godfrey e West, 1996).

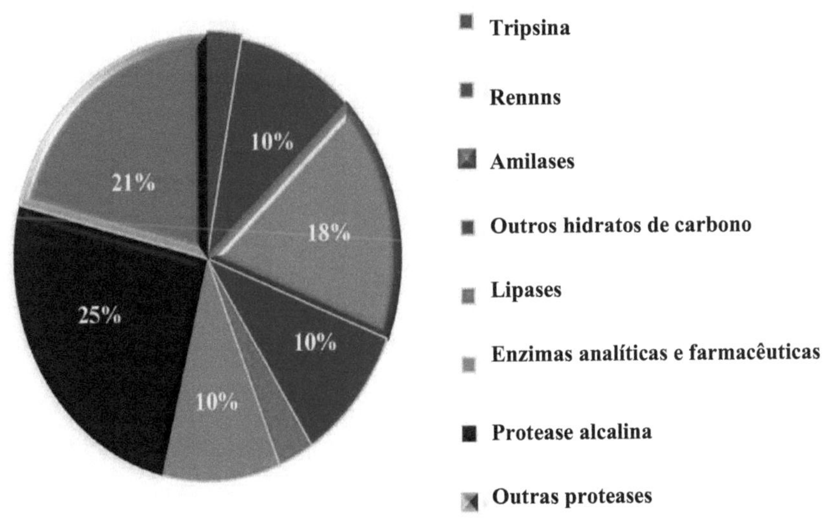

Fig.1. Contribuição de diferentes enzimas para a venda total de enzimas

As proteases têm um vasto leque de funções, desde o nível celular ao nível do organismo, incluindo cascatas como a homeostasia e a inflamação. São responsáveis pelos processos complexos envolvidos no estado fisiológico normal e **anormal** da célula. Também tem várias **aplicações** nas indústrias alimentar e de detergentes. São utilizadas para a depilação e o revestimento de peles na indústria do couro (Rao e Deshpande, 2002). A vasta diversidade de proteases, em contraste com a especificidade da sua ação, tem atraído a atenção mundial nas tentativas de explorar as suas aplicações fisiológicas e biotecnológicas (Fox *et al.*, 1991; Poldermans, 1990). Os principais produtores de proteases a nível mundial são enumerados a seguir. Por conseguinte, as nossas investigações actuais foram levadas a cabo para explorar os micróbios produtores de proteases ácidas do solo.

Entre os diferentes tipos de proteases microbianas, que são as enzimas industriais mais importantes, são predominantemente extracelulares e podem ser concentradas no meio de fermentação (Chouyyok et <7/., 2005). São geralmente utilizadas em detergentes, couro, indústrias alimentares e também têm aplicações médicas e farmacêuticas (Barindra et <7/., 2006; Rao *et al.*, 1998: Haq *et al.*, 2002). Os fungos filamentosos *(P. cheysocenum, P. restrictum, P. dupontii,* P. *griseoroseum)* têm potencial para crescer em condições ambientais variáveis (tempo, pH, temperatura), utilizando uma grande variedade de substratos como nutrientes e elaborando uma grande variedade de enzimas proteolíticas do que as bactérias (Sharma et <7/., 1980; Haq et <7/., 2004). Além disso, também é utilizado em vários domínios, como a produção de hidrolisados proteicos, alimentos orientais como miso e tempa, artigos alimentares cozinhados, queijo, impermeabilização de cerveja, processamento de couro, processamento de resíduos da indústria do couro, recuperação de prata de películas de raios X, degomagem de fios de seda, aplicações diagnósticas e terapêuticas e amplamente utilizado na indústria da carne para amaciar a carne (Wang e Vespa, 1974; Ward,1983, 1985; Bemholdt,1975; Lewis, 1981; Haines, 1981; George *et al.*, 1995; Hameed et <7/., 1996; Dalev e Simeonova, 1992; Fujiwara *et al.*, 1987, 1991, 1993; Qiu e Cheng,1984; Qiu *et al.*, 1986,1990; Hata e Kato, 1996.

Boy *et al.* (2008) referiram que o mecanismo de clivagem de uma ligação peptídica com uma protease ocorre normalmente na presença de uma molécula de água, especialmente nas proteases de aspartato, ácido metalo e glutâmico, e de um resíduo de cisteína, serina ou treonina como nucleófilo no sítio ativo. Vários estudos indicaram que as proteases também estão implicadas no crescimento e na progressão do tumor, que é altamente dependente do fornecimento de nutrientes e oxigénio. Por outro lado, os inibidores das proteases podem ser considerados como uma estratégia potente na terapia do cancro. Com base no tipo de aminoácido chave no sítio ativo da protease e no mecanismo de clivagem da ligação peptídica, as proteases podem ser classificadas em seis grupos: cisteína, serina, treonina, ácido glutâmico, proteases de aspartato, bem como metaloproteases de matriz (Eatemadi *et* <7/., 2017). Recentemente, Eatemadi et <7/. (2017) relataram o papel dos inibidores de protease e protease na patogénese e tratamento do cancro.

Capítulo 2
Revisão da literatura

As enzimas são proteínas que estão presentes em todas as células vivas e que desempenham funções vitais, controlando os processos metabólicos em que os nutrientes são convertidos em energia e em material celular fresco. As enzimas desempenham estas tarefas como catalisadores. Por outras palavras, elas participam nos processos químicos sem serem consumidas no processo). Uma caraterística única das enzimas é a sua grande especificidade, ou seja, cada enzima pode sintetizar um determinado composto e atuar apenas sobre uma ligação específica. As enzimas também são muito eficientes, uma molécula de enzima pode catalisar a decomposição de milhões de moléculas (Gormsen *et al.*, 1998).

2.1 História das enzimas

As enzimas têm sido utilizadas, quer sob a forma de vegetais, quer sob a forma de microrganismos, em vários sectores industriais, nomeadamente na indústria alimentar e para uma variedade de fins, por exemplo, na indústria têxtil, nos processos de fabrico de cerveja, no fabrico de queijo e na produção de álcool, detergentes, produtos farmacêuticos, síntese orgânica, papel, pasta de papel, couro e tratamento de resíduos (Zaks e Klibanov, 1987; Takami eta/., 1989; 1990; Priest, 1992; Outtrup *etal.*, 1998).

2.2 Classificação das enzimas

De acordo com a natureza da reação que catalisam, as enzimas podem ser classificadas em oxidorredutases, transferases, hidrolases, layases, isomerases e ligases (Arpigny e Jaeger 1999; Izrailev e Famum, 2004).

2.3 . Fontes de Proteases

As proteases são necessárias para os organismos vivos, são ubíquas e encontram-se numa grande diversidade de fontes, como plantas, animais e microrganismos.

2.3.1 Proteases vegetais

As plantas utilizadas como fonte de proteases dependem de vários factores, como a disponibilidade de terras e as condições climáticas para o seu crescimento. Por conseguinte, trata-se de um processo moroso. As proteases de origem vegetal mais conhecidas incluem a papaína, a bromelaína, as queratinases e a ficina.

2.3.2 Proteases animais

A tripsina pancreática, a quimotripsina, a pepsina e as reninas são as proteases de origem animal mais conhecidas, que são preparadas na forma pura em grandes quantidades. Por conseguinte, a sua produção depende da disponibilidade de gado, regida por políticas políticas e agrícolas (Boyer, 1971).

2.3.3 . Proteases microbianas

Os microrganismos representam uma excelente fonte de enzimas devido à sua grande diversidade bioquímica e à sua suscetibilidade à manipulação genética. 40% do total das vendas mundiais de enzimas são proteases microbianas. Godfrey e West, (1996) referiram que as fontes de proteases microbianas são mais preferidas do que as fontes vegetais e animais, uma vez que possuem quase todas as características desejadas para as suas aplicações biotecnológicas.

Bactérias

Pseillom subtilio, Psetococons, Pseratia, Pseudomonas, Aeromonas, Vibrio, E.coli, Altermonas, etc. são utilizadas para a maioria das proteases comerciais, principalmente neutras e alcalinas, produzidas por uma variedade de microrganismos, tais como. Numa gama estreita de pH (pH 5 a 8), as proteases neutras bacterianas são activas e têm uma termotolerância relativamente baixa. Devido à sua taxa de reação intermédia, as proteases neutras geram menos amargor nas proteínas alimentares hidrolisadas do que as proteinases animais e, por conseguinte, são valiosas para utilização na indústria alimentar. A neutrase, uma protease neutra, é insensível aos inibidores naturais das proteases vegetais, pelo que é útil na indústria cervejeira (Boyer, 1971). As proteases neutras (metaloproteases) requerem iões metálicos divalentes para a sua atividade, enquanto outras são serino-proteases, que não são afectadas por agentes quelantes. As proteases alcalinas bacterianas são caracterizadas pela sua elevada atividade a pH alcalino (pH 10) e pela sua ampla especificidade de substrato. A sua temperatura óptima é de cerca de 60°C, o que as torna adequadas para utilização na indústria de detergentes (Grohmann *et al.*, 1985; 1990; Himmel *et al.*, 1989).

Fungos

Os fungos elaboram uma maior variedade de enzimas do que as bactérias. Por exemplo, o *Aspergillus oryzae* produz proteases ácidas, neutras e alcalinas. As proteases fúngicas são activas *numa* vasta gama de pH (pH 4 a 11) e são estáveis entre pH 2,5 e 6,0, apresentando uma ampla especificidade de substrato. Por conseguinte, têm uma taxa de reação mais baixa e uma pior tolerância ao calor do que as enzimas bacterianas. As enzimas fúngicas podem ser convenientemente produzidas em fermentação em estado sólido, que são úteis na indústria queijeira devido às suas estreitas especificidades de pH e temperatura. Rawlings e Barrett, (1993) relataram que as proteases neutras fúngicas (metalo-proteases) que são activas em pH natural (7,0) e são inibidas por agentes quelantes. Tendo em conta a atividade de peptidase que as acompanha e a sua função específica de hidrolisar ligações hidrofóbicas de aminoácidos, as proteases neutras fúngicas complementam a ação das proteases vegetais, animais e bacterianas na redução do amargor dos hidrolisados de proteínas alimentares. As proteases alcalinas fúngicas são também utilizadas na modificação de proteínas alimentares (Rawlings e Barrett, 1993; Hooper, 1994).

Vírus

Vários vírus contêm várias peptidases, como a serina, a aspártica e a cisteína, que desempenham um papel importante devido ao seu envolvimento funcional no processamento de proteínas. Todas as peptidases codificadas por vírus são endopeptidases; não existem metalopeptidases. Para a montagem e replicação viral, as aspartil proteases retrovirais, que são homodímeros, são expressas como parte do precursor poliprotéico. A protease madura é libertada por autólise do precursor (Kuo *et al.*, 1989).

2.4 . Classificação das proteases

De acordo com o Comité de Nomenclatura da União Internacional de Bioquímica e Biologia Molecular, as proteases estão classificadas no subgrupo 4 do grupo 3 (hidrolases) (União Internacional de Bioquímica, 1992). Por conseguinte, as proteases são classificadas com base em três critérios principais: tipo de reação catalisada, natureza química do local catalítico e relação evolutiva com referência à estrutura (Barrett, 1994). Também se subdividem em dois grandes grupos, as exopeptidases e as endopeptidases, consoante o seu local de ação. As exopeptidases clivam a ligação peptídica próxima dos terminais amino ou carboxi do substrato, enquanto as endopeptidases clivam as ligações peptídicas distantes dos terminais do substrato. As proteases são ainda classificadas em quatro grupos proeminentes, com base no grupo funcional presente no local ativo: serina proteases, aspártico proteases, cisteína proteases e metaloproteases. Menon e Goldberg (1987) referiram algumas proteases diversas que não se enquadram exatamente na classificação padrão, por exemplo, proteases dependentes de ATP que requerem ATP para a sua atividade. Com base nas suas sequências de aminoácidos, as proteases são classificadas em diferentes famílias e subdivididas em "clãs" para acomodar conjuntos de peptidases que divergiram de um antepassado comum (Rawlings e Barret, 1987).

2.4.1 Exopeptidases

A ação das exopeptidases ocorre apenas perto das extremidades das cadeias polipeptídicas. Com base no seu local de ação no terminal N ou C, são classificadas como amino- e carboxipeptidases, respetivamente.

2.4.2 Aminopeptidases

Watson, (1976) referiu que as aminopeptidases actuam num terminal N livre da cadeia polipeptídica que liberta um único resíduo de aminoácido, um dipeptídeo ou um tripeptídeo que ocorre numa grande variedade de espécies microbianas, incluindo bactérias e fungos. Sabe-se que removem o Met N-terminal que pode ser encontrado em proteínas expressas heterologamente, mas não em muitas proteínas maduras que ocorrem naturalmente. Labbe *et al.*, (1974) referiram que as aminopeptidases são enzimas intracelulares. Cerny, (1978) referiu que as especificidades dos substratos das enzimas das bactérias e dos fungos são nitidamente diferentes, pelo que os organismos podem ser diferenciados com base nos perfis dos produtos de hidrólise. A aminopeptidase I de *Escherichia coli* é uma protease grande (400.000 Da). Tem um pH ótimo amplo de 7,5 a 10,5 e requer Mg^{2+} ou Mn^{2+} para uma atividade óptima (De Marco e Dick, 1978).

2.4.3 Carboxipeptidases

A ação das carboxipeptidases ocorre nos terminais C da cadeia polipeptídica, que libertam um aminoácido (simples) ou um dipeptídeo, que se dividem em três grandes grupos: serina carboxipeptidases, métallo carboxipeptidases e cisteína carboxipeptidases, com base na natureza dos resíduos de aminoácidos no local ativo das enzimas (Felix e Btouillet, 1996).

2.4.4 Endopeptidases

As acções das endopeptidases ocorrem nas ligações peptídicas nas regiões internas da cadeia polipeptídica, longe dos terminais N e C. Com base no seu mecanismo catalítico, as endopeptidases dividem-se em quatro subgrupos: serina proteases, aspárticas proteases, cisteína proteases e metaloproteases. Para facilitar uma referência rápida e inequívoca a uma determinada família de peptidases, Rawlings e Barrett atribuíram uma letra de código que indica o tipo catalítico, ou seja, S, C, A, M ou U, seguida de um número arbitrário (Rawlings e Barrett, 1993).

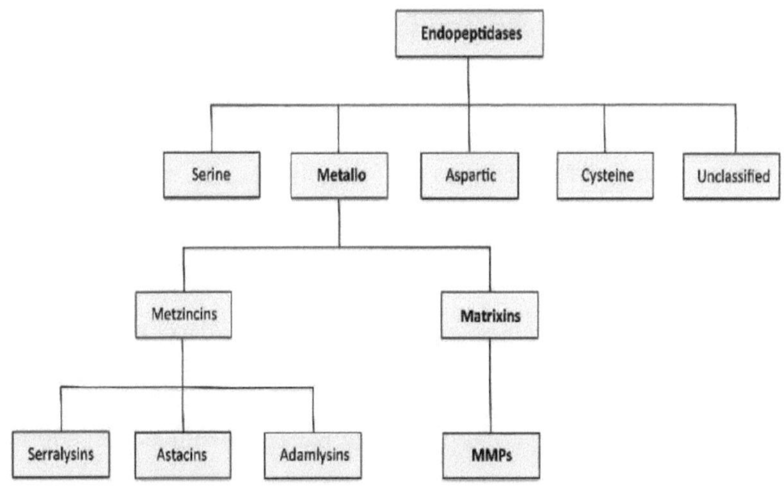

Figura 2. Classificação básica das endopeptidases e metaloproteases.

2.4.5 Serina proteases

As serino-proteases são numerosas e estão disseminadas entre vírus, bactérias e eucariotas, caracterizando-se pela presença de um grupo serina no seu sítio ativo, que se encontra nos grupos das exopeptidases, endopeptidases, oligopeptidases e omega peptidases. Foram agrupadas em 20 famílias com base nas suas semelhanças estruturais, que foram posteriormente subdivididas em cerca de seis clãs com antepassados comuns (Rawling e Barret, 1993). Para além disso, conservam os resíduos de glicina e formam o motivo Gly-Xaa-Ser-Yaa-Gly (Brenner, 1988). As suas massas moleculares variam entre 18 e 35 kDa, para a serino-protease de B/afesfea tmpora, que tem uma massa molecular de 126 kDa. Os seus pontos isoeléctricos situam-se geralmente entre pH 4 e 6 e são activos em pH muito alcalino, representando o maior subgrupo de serino-proteases (Perlman e Lorand, 1970).

Serina proteases alcalinas

A fonte destas proteases são várias bactérias, bolores, leveduras e fungos, tais como *Arthrobacter, Streptomyces* e *Flavbctcterinm* spp. que são inibidas por um inibidor de protease de batata, mas não por tosil-L-fenilalanina clorometilcetona (TPCK) ou TLCK. O pH ótimo, o ponto isoelétrico e as massas moleculares são, respetivamente, pH 10, pH 9 e 15 a 30 kDa. As proteases alcalinas são também produzidas por *S. cerevisiae* (Mizuno e Mastsuo, 1984) e por fungos filamentosos como *Conidiobolus* spp. e Aspergillus e *Neurospora* spp (Lindberg et a/., 1981).

Subtilisinas

Existem dois tipos diferentes de proteases alcalinas, a subtilisina Carlsberg (SC) e a subtilisina Novo ou protease bacteriana Nagase. A SC, amplamente utilizada em detergentes, é produzida por *Bacillus licheniformis* e a subtilisina Novo ou BPN' é produzida por *Bacillus amyloliquefacie*. Foi referido que a conformação do sítio ativo das subtilisinas é semelhante à da tripsina e da quimotripsina, apesar da diferença nas suas disposições moleculares gerais (Phadatare *et al.,* 1989; 1992; 1993; 1997).

2.4.6 Proteases aspárticas

As proteases do ácido aspártico (E.C.3.4.23) são classificadas em três famílias, tais como a pepsina, a retropepsina e os pararetrovírus (Rawling e Barret, 1995). A sua atividade máxima, os pontos isoeléctricos e as massas moleculares situam-se a um pH baixo (pH 3 a 4), na gama de pH 3 a 4,5 e na gama de 30 a 45 kDa, respetivamente (Sielecki et al., 1991). Fitzgerald et al., (1990) referiram que o resíduo de ácido aspártico do sítio ativo está situado no motivo Asp-Xaa-Gly. As proteases aspárticas (aspartil e aspartato proteases ou proteases ácidas) pertencem à família das endopeptidases e são caracterizadas pela sequência conservada Asp-Gly-Thr no sítio ativo. Estas enzimas encontram-se numa grande variedade de microrganismos nos quais desempenham importantes funções relacionadas com a nutrição e a patogénese. Além disso, são utilizadas como agentes coagulantes do leite, na produção de queijo e servem para melhorar o sabor de alguns alimentos (Virginia *et al.,* 2016).

As proteases ácidas, vulgarmente designadas por proteases aspárticas, encontram-se em animais, fungos, plantas, protozoários, bactérias e vírus (Holm *et al.,* 1998; Horimoto *et al.,* 2009). As peptidases são agrupadas em famílias e clãs com base nas suas estruturas primárias e terciárias e cada família inclui peptidases que são caracterizadas por uma relação significativa entre as suas sequências de aminoácidos no local ativo. Um clã é um grupo de famílias cujos membros evoluíram a partir da mesma proteína ancestral, mas divergiram de tal forma que as suas estruturas primárias já não são comparáveis (Barrett *et al.,* 1998; Holm et al., 1995).

As proteases aspárticas são geralmente inibidas pela pepstatina, um péptido produzido por Streptomyces ((Horimoto et al., 2009; Kocabiyik e Ozel, 2007, Rao et al., 1998).

2.4.7 Cisteína/tiol proteases

As cisteíno-proteases ocorrem tanto em procariotas como em eucariotas e a sua atividade depende de uma díade catalítica constituída por cisteína e histidina. Estas proteases só são activas na presença de agentes redutores. Dividem-se em quatro grupos que se baseiam na especificidade das suas cadeias laterais: papaína, tripsina, com preferência pela clivagem do resíduo de arginina, e ácido glutâmico. O exemplo mais conhecido de cisteína protease é a papaína. Tem um pH ótimo neutro, exceto as proteases lisossomais que são maximamente activas em pH ácido (Barrett, 1994).

2.4.8 Metaloproteases

As metaloproteases caracterizam-se pela necessidade de um ião metálico divalente para a sua atividade e são o mais diversificado dos tipos catalíticos de proteases (Browner et al., 1995). Incluem enzimas de uma variedade de origens, como colagenases de organismos superiores, toxinas hemorrágicas de venenos de serpentes e termolisinas de bactérias. Das 30 famílias de metaloproteases, 17 contêm endopeptidases, 12 contêm exopeptidases e 1 contém endo e exopeptidases. Estas são divididas em quatro grupos com base na especificidade da sua ação, que inclui neutras, alcalinas, *Myxobacter* I e *Myxobacter* II. Todas elas são inibidas por agentes quelantes como o

EDTA, mas não por agentes sulfidrilo ou DFP. A termolisina, uma protease neutra, é o membro mais bem caracterizado do clã MA (Rawling e Barret, 1995; Browner *M ¿//...* 1995). As metaloproteinases são principalmente compostas por endopeptidases que consistem em metzincina e matrixi. A família das metzincinas inclui as serralisinas, as astacinas e as adamalisinas, enquanto a família das matricinas inclui as metaloproteinases de matriz (MMPs) (Gill e Parks, 2008; Huxley-Jones *et al.,* 2007) (Figura 2). As MMPs, que pertencem à família das matrixinas, são responsáveis pela degradação da matriz extracelular, pela remodelação, pelo desenvolvimento, pela cicatrização de feridas e pela patologia de várias doenças, como a artrite e o cancro (Chang e Werb, 2001). São classificadas com base nas suas especificidades de substrato e incluem colagenases, gelatinases, matrilysins e stromelysins (Pedersen et al., 2015).

2.5 Aplicações das proteases

As proteases têm muitas aplicações, principalmente nas indústrias de detergentes e alimentar e têm aplicações extensivas no tratamento de couro e em vários processos de bioremediação. As proteases são amplamente utilizadas na indústria farmacêutica para a preparação de medicamentos, tais como pomadas para desbridamento de feridas, etc.

2.5.1 Detergentes

As proteases são as principais enzimas utilizadas nas indústrias de detergentes, que são principalmente de origem. São um dos ingredientes padrão de todos os tipos de detergentes, desde os utilizados na lavagem doméstica até aos reagentes utilizados na limpeza de lentes de contacto ou dentaduras. Cerca de 25% das proteases são utilizadas nos detergentes para a roupa. A preparação do primeiro detergente enzimático, "Burnus", remonta a 1913; consistia em carbonato de sódio e num extrato pancreático bruto (Rao *et al.,* 1998).

Todas as proteases detergentes atualmente utilizadas no mercado são serino-proteases produzidas por estirpes Bi/cz7/zz5. Phadatare et al. (1993) referiram a facilidade de processamento a jusante para preparar uma enzima sem micróbios. Verificou-se que uma protease alcalina (fonte, *Conidiooolus soronatus*) era compatível com detergentes comerciais amplamente utilizados na Índia e retinha 43% da sua atividade a 50°C durante 50 minutos na presença de ião de cálcio e aminoácido, glicina (Bhosale *et al.*, 1995).

2.5.2 Indústria do couro

O processamento do couro envolve várias etapas, como a imersão, a depilação, o revestimento e o curtimento. Os métodos convencionais de processamento do couro envolvem produtos químicos perigosos, como o sulfureto de sódio, que criam problemas de poluição e de eliminação de efluentes. Além disso, as proteases atacam inevitavelmente a estrutura do colagénio e prejudicam as propriedades do couro (Cantera et al., 1995; Cantera, 2001a, 2001b, 2001c; Valeika *et al.,* 1997, 1998, 2009 Zhang *et al.,* 2002).

2.5.3 Indústria alimentar

A utilização de proteases na indústria alimentar remonta à antiguidade. Estas são utilizadas regularmente para vários fins, tais como fabrico de queijo, panificação, preparação de hidrolisados de soja e amaciamento de carne.

2.5.4 Indústria dos lacticínios

No fabrico de queijo, a principal função das proteases é hidrolisar a ligação peptídica específica (a ligação Phel05-Metl06) para gerar *para-K-*

caseína e macropeptídeos. A Genencor International aumentou a produção de quimosina em *niger* var. ovramon para níveis comerciais. O soro de leite é um subproduto do fabrico de queijo. Contém lactose, proteínas, minerais e ácido lático. A proteína insolúvel do soro de leite, desnaturada pelo calor, é solubilizada por tratamento com tripsina imobilizada (Godfrey e West, 1996).

2.5.5 Indústria de panificação

A farinha de trigo é um dos principais componentes dos processos de panificação. Contém uma proteína insolúvel chamada glúten, que determina as propriedades das massas de panificação. As endo e exoproteinases de *Aspergillus oryzae* têm sido utilizadas para modificar o glúten do trigo através de uma proteólise limitada. O tratamento enzimático da massa facilita o seu manuseamento e maquinação e permite a produção de uma gama mais vasta de produtos.

2.5.6 Fabrico de produtos de soja

Os grãos de soja são uma fonte rica de alimentos, devido ao seu elevado teor de proteínas de boa qualidade. As proteases têm sido utilizadas desde tempos antigos para preparar molho de soja e outros produtos de soja. A modificação proteolítica das proteínas de soja ajuda a melhorar as suas propriedades funcionais.

2.5.7 Desbitagem de hidrolisados de proteínas

Os hidrolisados proteicos têm várias aplicações, por exemplo, como constituintes de produtos dietéticos e de saúde, em fórmulas para lactentes e suplementos de nutrição clínica, e como agentes aromatizantes. A hidrólise das proteínas tem sido normalmente efectuada por várias enzimas comerciais como a Alcalase, a Pepsina, a Tripsina, a Flavourzyme, a

Protamex,

Prolyve, Promod e Corolase PPs. Recentemente, Vieira et al. (2016) relataram que um hidrolisado com propriedades antioxidantes a partir de proteínas de grãos usados de cerveja (BSG) usando um extrato enzimático de levedura usada de cerveja (BSY), o que é aconselhável tanto do ponto de vista económico como ambiental, uma vez que a BSY é o segundo maior subproduto de fabricação de cerveja.

2.5.8 Síntese do aspartame

A utilização do aspartame como edulcorante artificial não calórico foi aprovada pela Food and Drug Administration. O aspartame é um dipeptídeo composto por ácido L-aspártico e o éster metílico da L-fenilalanina. A configuração L dos dois aminoácidos é responsável pelo sabor doce do aspartame. A manutenção da estereoespecificidade é crucial, mas aumenta o custo da produção por métodos químicos. A síntese enzimática do aspartame é, por conseguinte, preferida.

2.5.9 . Indústria farmacêutica

A administração oral de proteases de *Aspergillus oryzae* tem sido utilizada como auxiliar digestivo para corrigir certas síndromes de deficiência enzimática lítica. A colagenase ou subtilisina clostridial é utilizada em combinação com antibióticos de largo espetro no tratamento de queimaduras e feridas. Uma asparginase isolada de *E. coli* é utilizada para eliminar a aspargina da corrente sanguínea nas diferentes formas de leucemia linfocítica. Nas culturas de células animais, as proteases alcalinas obtidas de *Conidiobolus uoronatus* são capazes de substituir a tripsina. Por conseguinte, a grande diversidade e especificidade das proteases são utilizadas no desenvolvimento de agentes terapêuticos eficazes. (Rao *et al.*,

1998).

2.5.10 . Outras aplicações

As proteases desempenham um papel importante na investigação fundamental. A sua clivagem selectiva de ligações peptídicas é utilizada na elucidação da relação estrutura-função, na síntese de péptidos e na sequenciação de proteínas (Rao *et al.*, 1998). A ação hidrolítica das proteases é utilizada nas indústrias alimentar, de detergentes, do couro e farmacêutica, bem como na elucidação estrutural das proteínas, enquanto as suas capacidades sintéticas são utilizadas para a síntese de proteínas. A revisão da literatura permite constatar que, apesar de uma longa história, o domínio da investigação das proteases alcalinas continua a ser inovador. Este facto pode ser atribuído principalmente à sua utilidade como enzimas detergentes. Este facto, juntamente com outras aplicações, tornou este grupo de enzimas em produtos muito importantes da tecnologia enzimática. Embora muitos fungos, tais como espécies de *Aspergillus* (Godfrey e West, 1996), *Candida olea* (Nelson e Young, 1987), *Cephaloeporlum* sp. (Tsuchiya *et al.*, 1987). *Conidioholup eorona199* (Srinivasan *et al.*, 1983; Sutar *et al.*, 1991; Phadatare *et ale* 1993; Bhaosale *et al.*, i995\ *Monascus sp.* (Aso *et al.*, 1989), *Neurospora crassa* (Lindberg *cl al.*, 1981), *Ponicillium cyolopium* (Koszelak, 1997) e *Rhizopus viveue* (Horiuchi et al., 1988) foram referidos como fontes de proteases, mas as bactérias são as mais frequentemente utilizadas para a produção. *Bacillus* e *Pseudomonas* 5pp. são amplamente utilizados na produção comercial de proteases (Rao *et al.*, 1998; Lu *et al.*, 1969). Uma vez que o foco do estudo foi o rastreio, a mutação, a produção, a purificação e a caraterização de proteases a partir das fontes bacterianas.

2.5.11 . Funções especiais das enzimas

Existem muitas aplicações especiais que incluem a utilização de enzimas em aplicações analíticas, na produção de aromas, na modificação de proteínas, em produtos de higiene pessoal, na tecnologia de rDNA e na produção de produtos químicos finos, o que tem grande relevância para a saúde humana (Rao et al., 2008; Godfrey e West 1996). Aplicações analíticas As enzimas são muito utilizadas na metodologia analítica clínica. Para tal, são necessários processos de purificação elaborados para uma atividade enzimática eficiente, que é medida enzimaticamente e quantificada através de um espetrofotómetro (Godfrey e West 1996).

Capítulo 3

Material e métodos

3.1 Artigos de vidro

O material de vidro fabricado pela Borosil foi utilizado para o estudo. Para o trabalho foram utilizados frascos cónicos (100, 250 e 500 mL), placas de Petri (100 x 15 mm, 75 x 15 mm), frascos de medição (10, 100 e 500 mL), pipetas (100 mL), béqueres (250, 500 e 1000 mL), coluna de vidro (50 x 3 cm), tubos de ensaio (10 ml).

3.2 Meios de cultura

4 **Tabela.** 1. Produtos químicos utilizados no meio de ágar nutriente:

S.N.	Produtos químicos	Quantidade (gm/L)
1.	Peptona	5 .0
2.	NaCl	5.0
3.	Extrato de levedura	3.0
4.	Ágar	20.0
5.	Água destilada	1.0

5 *Rastreio secundário*

Rastreio primário

Identificação morfológica

Tabela. 2 Reagentes e corantes utilizados na coloração de Gram para o rastreio primário:

S. Não.	Reagentes e corante	Função
1.	Corante violeta cristalino	Coloração primária
2.	Iodo	Mordente
3.	Álcool etílico	Decolador
4.	Saffranin	Coloração secundária
5.	Água destilada	Lavagem

Para o rastreio secundário, meios específicos para proteases:

Quadro 3: Composição do meio de ágar caseína

S. Não.	Produtos químicos	Montante (%)
1.	Caseína	0.5
2.	Glicose	0.5
3.	Sulfato de amónio	1.0

4.	Bi hosfato de potássio	0.7
5.	Cloreto de potássio	0.05
6.	Sulfato de ferro	0.001
7.	Sulfato de magnésio	0.05
8.	Extrato de levedura	0.7
9.	Ágar	1.5

3.3 Recolha de amostras

Para a produção de protease em grande escala, é essencial recolher a estirpe microbiana potencial de várias fontes adequadas. A principal fonte de estirpes microbianas produtoras de protease inclui: amostras de solo de diferentes locais. Foram recolhidas três amostras:

1) SI de perto da lagoa Buddheshwar, Lucknow.

2) S2 do templo de Madhiya, perto de Tripula Chauraha, Raebareli.

3) S3 do estaleiro de construção, cidade rosa, Buddheshwar, Lucknow.

3.4 Preparação do inóculo

Em primeiro lugar, todos os meios foram autoclavados a 15 psi, 121 graus centígrados e 20 minutos (1 atmosfera). A cultura de diferentes locais foi semeada em meio de ágar nutriente nas placas de Petri. Para a preparação da cultura de sementes durante a noite (12 h), uma única colónia da placa de ágar nutriente foi inoculada no meio NAM.

A placa de Petri contendo a estirpe cultivada foi então colocada na incubadora durante cerca de 24 horas a 37°C. Após 24 horas, o crescimento foi verificado e as estirpes assim obtidas foram novamente subcultivadas para obter a estirpe desejada a partir da colónia mista das diferentes estirpes microbianas para a produção de protease.

3.5 Processamento de amostras

Subcultura

A subcultura repetida é realizada para obter a estirpe desejada a partir das colónias misturadas dos micróbios para a produção da enzima protease. A subcultura é efectuada no meio utilizado para a cultura da amostra, ou seja, o meio Agar. A subcultura é efectuada cuidadosamente em condições assépticas, em fluxo laminar, para evitar qualquer tipo de contaminação.

Obtenção de cultura pura

O método de diluição em série é realizado para o isolamento de uma única colónia a partir de colónias mistas de micróbios para obter a estirpe desejada que é utilizada na produção máxima da enzima protease. O método de diluição em série foi efectuado da seguinte forma:

Em primeiro lugar, foram utilizados 5 tubos de ensaio nos quais foram adicionados 9 ml de água destilada. Depois, no primeiro tubo, adicionámos 1 ml de cultura microbiana e misturámo-la bem. Do primeiro tubo, transferimos 1 ml da mistura de culturas para o segundo tubo de ensaio e assim sucessivamente até ao último tubo de ensaio. Desta forma, obtivemos a série de concentrações de 10-1 a 10-5. Depois disso, seleccionámos a concentração microbiana de 10-5 para ser utilizada na subcultura posterior da estirpe. Após 48 horas de crescimento na placa de Petri colocada numa incubadora, obtivemos as colónias isoladas de micróbios. Destas colónias, escolhi uma única colónia para continuar a subcultura.

Coloração de Gram

Em primeiro lugar, limpei as lâminas com álcool para evitar a contaminação. Em seguida, colhi uma colónia em ansa e fiz um esfregaço. De seguida, secou-se o esfregaço ao ar. O esfregaço foi fixado com calor. O violeta cristalino foi utilizado como corante primário. Utilizou-se iodo como corante. Utilizou-se álcool etílico para remover o excesso de cor. A safranina foi utilizada como coloração secundária e lavada com água.

Capítulo 4

Resultados

Três amostras de solo de diferentes locais. Foram analisadas para detetar bactérias produtoras de proteases. Não se registaram diferenças significativas entre o pH e a temperatura. A consistência do solo era variada: mole, dura, arenosa e lamacenta. A cor das amostras de solo também era diferente, como amarelo e cinzento. O isolamento das bactérias produtoras de proteases foi efectuado, em primeiro lugar, utilizando meios de ágar nutriente e, em seguida, foi feita uma despistagem da produção de proteases em placas de ágar de leite desnatado. A formação de zonas claras à volta das colónias foi considerada como indicação de produção de proteases. Em 3 amostras de solo, obtivemos 23 tipos diferentes de colónias bacterianas com diferentes características de cultura.

Tabela. 4 Locais de amostragem, número e cor das colónias da amostra de solo:

S. Não	Amostra	Local de amostragem	N.º de colónias	Cor
1.	Solo (SI)	Tripula Raebareli.	3	Branco viscoso, branco, laranja claro
2.	Solo (S2)	Cidade cor-de-rosa, lucknow	2	Cremoso, branco áspero e felpudo.
3.	Solo (S3)	Campus DSMNRU	4	Laranja, branco rosado, branco, amarelo.

*As colónias mencionadas no quadro anterior foram isoladas em meio de ágar nutriente.

4.1 Recolha de amostras

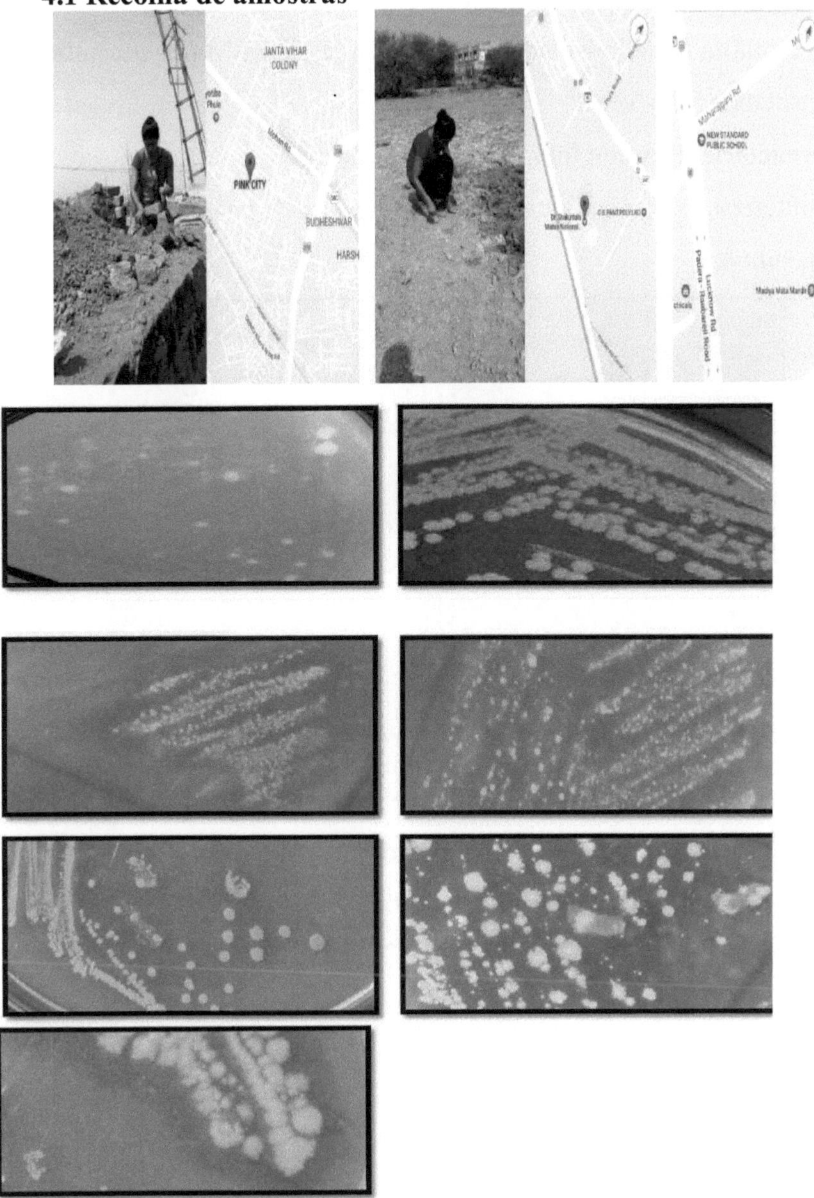

Figura 3. Cultura pura dos isolados em ágar CSM

4.2Isolamento de cultura pura

A cultura pura do isolado foi obtida em meio CSM por subcultura do isolado várias vezes.

4.3. Caracterização morfológica dos isolados:

A caraterização morfológica revelou a presença de bastonetes e cocos Gram positivos.

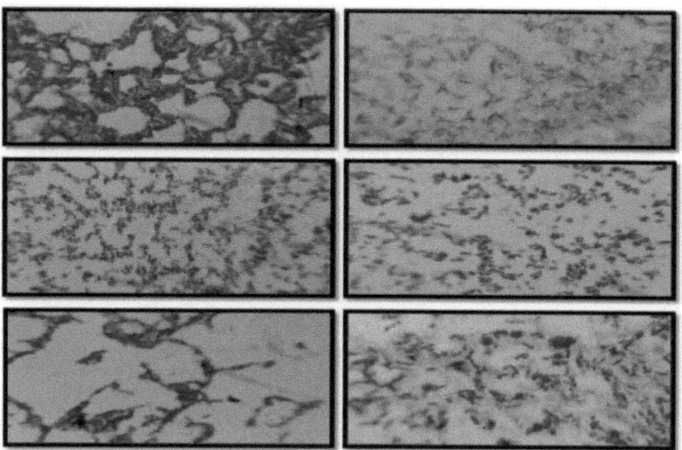

Figura 4. Morfologia dos isolados sob imersão em óleo

4.4. Rastreio qualitativo dos isolados: o rastreio qualitativo dos isolados revelou uma zona de hidrólise da caseína de 2,5 cm em meio de ágar de leite desnatado, tendo o isolado sido codificado como NV43

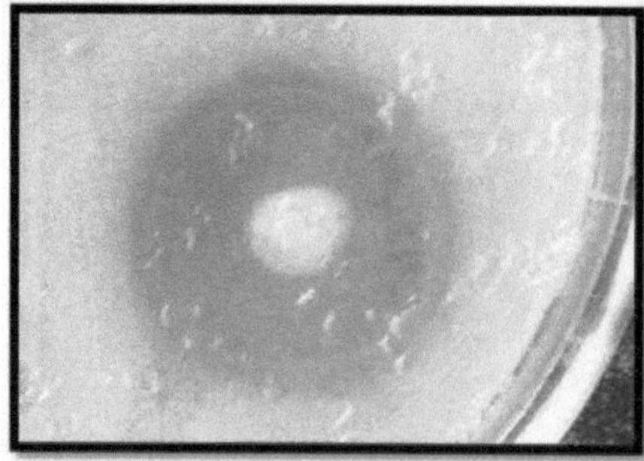

Figura 5. Zona de hidrólise da caseína em ágar leite desnatado

Capítulo 5

Discussão

Os organismos produtores de proteases são geralmente isolados do solo e a maior parte dos trabalhos centra-se nas proteases alcalinas. Faltam informações no domínio das proteases ácidas e neutras. Por conseguinte, o presente estudo trata do isolamento de bactérias produtoras de proteases do solo. Os membros do género *Bacillus* produzem uma grande variedade de enzimas extracelulares, das quais as proteases têm uma importância industrial particularmente significativa. O isolamento de bactérias produtoras de proteases foi efectuado através da técnica de diluição em série em placas. Um método semelhante foi utilizado por Stoll et al. 1976. A identificação das estirpes de *Bacillus* seleccionadas foi feita com base em testes morfológicos padrão. De entre muitas bactérias, apenas 2 estirpes de *Bacillus* produziram zonas de depuração em meio de caseína. Estas foram designadas por SIA e SIB. A zona de diâmetro máximo foi observada na SIA, ou seja, 3,5 mm, em comparação com a SIB, ou seja, 2,2. Weiss e Ollis, 1980, também referem que *B. lichenifownis* produziu uma zona de hidrólise muito estreita em ágar caseína, apesar de produzir muito boa protease em condições submersas. Para o rastreio quantitativo, utiliza-se caldo de dextrose de extrato de levedura de caseína e inocula-se com Bacillus sp. isolado, que foi incubado a 37°C durante 24 horas. Abo-Aba et <7/. (2006) produziram protease alcalina a partir de *Bacillus circulance*, *B. Alvei*, *B sphaericns* e *B. Pumilus* utilizando caldo Luria-Bertani, leite em ágar Luria-Bertani e mediram a atividade máxima a 30°C após 40 horas. Todos os isolados foram cultivados em condições submersas e a atividade da protease foi estimada no filtrado da cultura. Atalo *et al.* (1993) mostraram que o extrato de levedura e a peptona podem induzir a produção de protease alcalina em meio de crescimento. Em vez da peptona, preferimos a caseína, que tem uma elevada concentração de proteínas. Após a incubação, a atividade da protease foi medida. Esta foi estimada como 1,0 1 p /rnl em BPI e 0,73p/ml em BP2 após 24 horas? Embora o máximo de produção de protease alcalina noutra abordagem tenha sido observado 580,5 p /ml em *B. polymixa* e 535,5 p /ml em B.cereus após 24 horas. A produção máxima de protease com 48 e 72 horas de incubação das bactérias foi registada por Hoshino *et al.* (1994) e Shumi *et al.* (2004). A deteção de aminoácidos na enzima bruta foi efectuada por cromatografia em papel utilizando butanol: Ácido acético: Água destilada como solvente. Gange e Simpson, 1993, também investigaram a utilização da técnica cromatográfica para a deteção de aminoácidos, utilizando etanol: água (7:1000(v/v) como solvente.

Conclusão

As proteases desempenham um papel fundamental em quase todos os aspectos da biologia. Por conseguinte, uma melhor compreensão das suas funções complexas e da sua regulação é vital para a prevenção e o tratamento de doenças. Um dos primeiros passos na investigação de novas proteases é estabelecer a sua especificidade de substrato e um ensaio robusto.

Aqui concluímos que a estirpe isolada APN tem potencial para produzir protease alcalina.

O principal objetivo do nosso estudo foi caraterizar as bactérias produtoras de proteases alcalinas e verificar a sua capacidade de produção de enzimas, especialmente proteases. Foi isolada uma estirpe. Estas eram uma boa fonte de protease, uma vez que apresentavam uma elevada atividade de proteólise. Ambas as estirpes de Bacillus isoladas que produzem protease são novas e têm potencial para aplicações industriais. As enzimas são amplamente utilizadas em várias indústrias, nomeadamente nas indústrias de detergentes, de transformação de alimentos, de fabrico de cerveja e farmacêutica. São também utilizadas para fins de diagnóstico, científicos e analíticos. A utilização de microrganismos para produzir enzimas apresenta *uma* série de vantagens técnicas e económicas e, nos últimos anos, tornou-se o modo predominante de produção de enzimas. No entanto, o custo de produção desta enzima é elevado e o custo de aquisição pelos países em desenvolvimento pode ser ainda mais elevado, pelo que a atual estirpe potencial APP poderia ser uma alternativa para utilização industrial e comercial.

Os microrganismos produtores de proteases desempenham

muitas funções em diferentes indústrias Bioremediação ambiental através da degradação de compostos que contêm proteínas. A atividade proteolítica e as condições de crescimento destes microrganismos são afectadas por diferentes parâmetros químicos (o tipo de meio utilizado) e físicos (pH e temperatura). Não só as condições físicas e químicas, mas também o tipo de microrganismos utilizados podem afetar a atividade proteolítica. Para obter uma boa atividade proteolítica, a identificação e a seleção de potenciais isolados e a otimização das condições físicas e químicas (temperatura, pH e tipo de meio utilizado) para potenciais microrganismos produtores de proteases devem ser uma tarefa importante.

Referências

Abo-Aba SEM, Soliman EAM, Nivien AA (2006) Enhanced production of extracellular alkaline protease in BaczY/ws *ciculance* through plasmid transfer, *encearch journal of agriculture and biological sciences,* 16: 526-530.

Arpigny JL, Jaeger KE (1999) Bacterial lipolytic enzymes: classification and properties. *Biochemical Journal* 1:343177-83.

Aso K, Suzuk Y, Kato, F, Nishikawa, J, Iizuka H (1989) Eletroforese comparativa e algumas propriedades dos produtos de proteinases alcalinas por *MonaAPUl sp. ane anurnal em GnneAal and Applied Microbiology*, 35:281-288.

Ataio K, Gashe KA (1993) Produção de proteases por um *Bacillus sp.* termofílico (P-OOIA) que degrada vários tipos de proteínas fibrosas. Sobre este resultado *B^otec5nolog6Letters,* 11: 1151-1156.

Barett AJ (1994) Proteolytic enzymes: serine and cysteine peptidases. *Methods* zB *Etymology,* 244: 1-15.

Barindra S, Debashish G, Malayand S, Joydeep M (2006) Purificação e caraterização de uma protease tolerante a sal, solvente, detergente e lixívia de uma nova *Proteobacterium gama* isolada do ambiente marinho de Sundarbans. *Process Biochemistry,*41: 208- 15.

Bemholdt HF (1975) Meat and other proteinacious foods (Carne e outros alimentos proteicos). In: Read, G. (eds). *Enzymes in Food Processing*. Academic Press, NewYork, pp. 473-488.

Bhosale SH, Rao M B, Deshpande V V, Srinivasan M C (1995)

Thermostability of high activity alkaline protease from *Conidiobolus coronatus* (NCL 86.8.20) *Enzyme and Microbial Technology*, 17:136-139.

Boyer PD (1971) The enzyme. Academic Press Inc., Nova Iorque.

Brenner S (1988) The molecular evolution of genes and proteins: a tale of two serines. *Nature,* 334:528-530.

Browner MF, Smith WW, Castelhano AL (1995) Matrilysin-inhibitor complexes: common themes among metalloproteinases. *Biochemirtry,* 34:6601-6610.

Cerny G (1978) Studies on the aminopeptidase test for the distinction of gramnegative from gram-positive bacteria. *Revista europeia de microbiologia aplicada e biotecnologia,* 5:113-122.

Chouyyok W, Wongmongkol, Siwarungson N, Prichnont S (2005) Extração de protease alcalina utilizando um sistema aquoso de duas fases a partir de caldo de fermentação *Bacillus* swto/Ae TISTR 25 sem células. *Process Biochemistry,* 40: 3514-8.

Dalev PG e Simeonova LS (1992) Uma biotecnologia enzimática para a utilização total de resíduos de couro. *Biotechnology Letters,* 14:531-534.

De Marco AC e Dick AJ (1978) Actividades da aminopeptidase I em vários microrganismos. *Caaaainn Journal of Biochemistry,* 56:66-71.

Felix F e Brouillet N (1966) Purificação e propriedades de duas peptidases da levedura de cerveja. *Biochimica et Biophysica Ata,* 122:127-144.

Fitzgerald PMD, McKeever BM, Van Middlesworth JF, Springer JP, Heimbach JC, Leu Chih-Tai, Herber WK, Dixon RAF, Darke PL (1990) Crystallographicanalysis   of a complex between human immunodeficiency virus type 1 protease and acetyl-pepstatin at 2.0A resolution. *Journal of Biological Chemistry,* 265:14209-14219.

Fox JW, Shannon JD, Bjamason JB (1991) Proteinases and their inhibitors in biotechnology. Enzimas na conversão de biomassa. *Série de Simpósios ACS.* 460: 62- 79.

Fujiwara N, Yamamoto K, Masui A (1991) Utilização de uma protease alcalina termoestável de um alcalófilo e termófilo para a recuperação de prata de película de raios X usada. *Journal ofFermentation Technology,* 72: 306-308.

Fujiwara N, Masui A , Imanaka T (1993) Purificação e propriedades da protease alcalina altamente termoestável de um *Bocillussp alcalófilo* e *fognófilo. Journal of Biotechnology, 30: 245-256.*

Fujiwara N, Yamato K (1987) Produção de protease alcalina num meio de baixo custo por *Bacillus sp.* alcófilos e propriedades da enzima. *Journal ofFermentation gec6nolog-* 65: 345- 348.

George S, Raju V, Krishnan MRV, Subramanian TV, Jayaraman K (1995) Produção de protease por *Bacillus amyloliquefaciens* em fermentação em estado sólido e sua aplicação na depilação de couros e peles. Process *Biochemist6y,* 30: 457-462.

Godfrey T e West S (1996) Industrial enzymology. 2ª ed. Nova Iorque, N.Y.: Macmillan Publishers Inc. p. 3.

Godfrey T e West S (1996). Introduction to industrial enzymology. Industrial enzymology, Mac. Millan Press, Londres, 1-8.

Gormsen E, Aaslyng D, Malmos H (1991) Mechanical studies of proteases and lipases for detergent industry. *Journal of Chemical Technology and Biotechnology*. 50:321-330.

Grohmann K, Torget R e Himmel ME (1985), *Biotech. Bioeng. Symp* 15, 5980.

Grohmann, K., Rivard, C. J., Adney, W. S., Vinzant, T. G., Mitchell, D. J., e Himmel, M. E. (1990), Interação de Substratos Pré-tratados com Sistemas de Celulase *AnaeToicCoderma* reesei e Bactérias Anaeróbias, In *Trichodenma reesei Crllulaees: Brochemistry, Genetics, EhysioVogy* (Wi/ *Applications* (C. P. Kubicek, D. E., Eveleigh, H. Esterbauer, W. Steiner, E. M. Kubicek-Pranz, eds.), Royal Society of Chemistry: Graz, Áustria, 1989; pp. 185-199.

Haines BM (1981) - Breed differences in hides and skins: Marketing hides and skins today and tomorrow. Publicação MLC/BLMRA. março de 1981.

Hameed A, Natt MA, Evans CS (1996) Production of alkaline protease by a new *Bacillus subtilis* isolate for use as bating enzyme in leather treatment, *Worbd Journal of Microbiology and Biotechnology*, 12:289291.

Haq IU, Ali S, Qadeer MA, Iqbal J.2002. Efeito dos iões de cobre na morfologia do bolor e na produção de ácido cítrico por *Aspergillus niger* utilizando meios à base de melaço. *Process*

Biochemistry, 37: 1085-90.

Haq, I., H. Mukhtar, Z.A. e N. Riaz, 2004. Biossíntese de proteases por estirpe mutante de *Pent dllium griseoroseum* e formação de queijo. *Pakistan Journal of Biological Science,* 7: 1473-6.

Hata T e Kato H (1996) Método de degomagem do fio de seda enrolado a partir de filamentos de casulos amarelos de "Ouhaku" de sexo limitado. *The Journal of Sericultural Science of Japan,* 65:494-499.

Himmel, M. E., Adney, W. S., Rivard, C. J., e Grohmann, K. (1989),*Deteção de enzimas hidrolíticas extracelulares em sistemas anaeróbios*

Digestão de RSU, Instituto de Investigação de Energia Solar, SERI/SP-231-3520, pp. 9-23.

Hooper NM (1994) Famílias de metaloproteases de zinco. *FEBS Letters.* 354:1-6.

Horiuchi H, Yanai K, Okazaki T, Takagi M, Yano K (1988) Isolamento e sequenciação de um clone genómico que codifica a proteinase aspártica de *Rhizopus niveus. Journal of Bacteriology,* 170:272-278.

Hoshino T, Ishizaki K, Sakamoto T, et al. (1997) Isolamento de uma espécie de *Pseudomonas* do intestino de peixe que produz uma protease ativa a baixa temperatura. *Applied Microbiology,* 25:70-72.

Izrailev S, Farnum MA ((2004) Enzyme classification by ligand binding. *Proteins.* 1;57:711-724.

Koszelak S, Ng JD, Day J, Ko TP, Greenwood A, McPherson A (1997) A estrutura cristalográfica da protease subtilisina de *Pénicillium cyc/op/wm. Biochemistry.* 1997; 36:6597-6604.

Kuo G, Choo Q-L, Alter H J, Gitnick GL, Redeker AG, Purcell RH, Miyamura T, Dienstag JL, Alter MJ, Stevens CE, Tegtmeyer GE, Bonino F, Colombo M, Lee W-E, Kuo C, Berger K, Shuster JR, Overby LR, Bradley D W, Houghton M (1989). An assay for circulating antibodies to a major etiologic virus of human non-A, non-B hepatitis. *Science,* 244:362-364.

Labbe JP, Rebegrotte P, Turpine M (1974) Demonstração da leucina aminopeptidase extracelular (EC 3.4.1.1) de *Aspergillus oryzae* (IP 410): fração de leucina aminopeptidase 2. CR Acad Sci (Paris) 278D: 2699.

Lewis J (19810 Wool. In: Rose AH (ed.), *Microbial Biodeterioration, Economic Microbiology, Academic Press,* New york, pp. 81-130.

Liindberg RA, Eirich LD, Price JS, Wolfînbarger L, Jr, Drucker H (1981) Alkaline protease from *Neurospora crassa. The Journal of Biological Chemistry,* 256:811-814.

Lindberg RA, Eirich LD, Price JS, Wolfînbarger L, Jr Drucker H. (1981) Alkaline protease from *Neurospora crassa. The Journal of Biological Chemistry,* 256:811-814.

Lu AYH, Junk KW, Coon MJ (1969) Resolução em três componentes do sistema de hidroxilação W do citocromo P-450 dos microssomas hepáticos. JOZZZTW *4fBio14gical Chemistry,* 244:3714-3721.

Menon AS, Goldberg AL (1987) Protein substrates activate the ATP-dependent protease La by promoting nucleotide binding and release of bound ADP. TTze Jozzztw o/Bzo/ogzAz/ C/zezwWy, 262:14929-14934.

Mizuno K, Matsuo H (1984) Uma nova protease de levedura com especificidade para resíduos básicos emparelhados. *Nature,* 309:558-560.

Mohammad BD e Mastan SA (2013). Isolamento, Caracterização e Rastreio de Bactérias produtoras de enzimas de diferentes Amostras de Solo. *Intf rnational Journal of Pharma and Biosciences,* 4:813-824.

Nelson G e Young TW (1987) Proteases extracelulares ácidas e alcalinas de
Candida olea. Jornal de microbiologia geral, 133:1461-1469.

Outtrup H, Dambann C e Branner S (1998) Uma nova protease alcalina de Bacillus DSM-847. Patente n.º W093/18140

Pepper KW e Wyatt KGE (1963). Enzymatic unhairing of heavy hides. *Journal of the Society of Leather Technologists and Chemists*, 47: 460464.

Perlmann GE, Lorand L (1970) Proteolytic enzymes. *Methods in Enzymology,* 19:732-735.

Phadatare S U, Srinivasan M C, Deshpande VV (1993)   Protease alcalina de alta atividade de *Conidieboluscoronatus* (NCL 86.8.20): enzima produção e compatibilidade com detergentes comerciais. *Motor e Tecnologia Microbiana,* 15:72-76.

Phadatare S, Rao M, Deshpande V (1997) Uma serina protease

alcalina do fungo *Conidioboluc coeoeiatus* com uma estrutura nitidamente diferente da serina protease subtilisina Carlsberg. *Arch Microbiology*, 166:414417.

Phadatare SU, Srinivasan MC, Deshpande MV (1989) Evidência do envolvimento da serina protease na descarga conidial de *Conidiobolus c:oro49tus*. *Arch Microbiology*, 153:47-49.

Phadatare SU, Srinivasan MC, Deshpande VV (1992) Evidence for controlled autoproteolysis of alkaline protease: a mechanism for physiological regulation of conidial discharge in *Conidiobolus coronatus*. *European Joimnal oyBiocher9is686*, 205:679-686.

Poldermans B (1990). Enzimas proteolíticas. In: Gerhartez, W., (Ed.), Proteolytic enzymes in industry: production and applications. VCH Publishers, Weinheim, Alemanha. Pp. 108 123.

Priest FG (1992) Enzymes, extracellular. in Encyclopedia of Microbiology, (Ed. by Ledeiberg J). Vol. 2. Academic Press, Inc. Pp. 81-93.

Qiu XB, Dai H, Yuan Y, Yu Y (1990) Estudos sobre a proteinase alcalina do *Bacillus pumilus* 111 alcalófilo. Algumas propriedades e aplicações. *Ata Microbiologica Sinica*, 30: 445-449.

Qiu XB e Cheng XL (1984) Um estudo sobre a purificação e algumas propriedades da proteinase alcalina da estirpe 209 de *Bacillus pumilus*. *Ata Microbiologica Sinica*, 24: 66-73.

Qiu XB, X L, Liu DW, Xiu JL, Liao HL, Cheng FJ (1986) Estudos sobre o problema da degomagem da seda crua III;

Aplicação do processo de ebulição da degomagem da cola de seda com a enzima proteolítica S114. *Ata Microbiologica Sinica,* 26: 71-75.

Raju K, Jaya R, Ayyanna C (1994) Hydrolysis of casein by bajara protease importance. *B:ote-7oology ComingDecadea,* 181: 55-70.

Rao MB e Deshpande VV (2002) Proteases and their applications in biotechnology. Em A. Varna (ed.), Microbes: for health, wealth and sustainable environment, no prelo. Malhotra Publishing House, Nova Deli, Índia.

Rao MB, Tanksale AM, Ghatge MS, Deshpande VV (1998). "Aspectos moleculares e biotecnológicos das proteases microbianas". *Microbiology and mo6ecular Siology seview5.* 62: 597-635.

Rawling ND e Barret AJ (1995) Famílias de peptidases aspárticas e as de mecanismo catalítico desconhecido. *Methods in Enzymology,* 248: 105-120.

Rawlings ND e Barrett AJ (1993) *Biochemistry Journal.* 290, 205-218.

Sharma OP, Sharma KD, Nath K (1980) Production of proteolytic enzyme by fungi. *Revisão Roum. Biochemistry,* 17: 209-15.

Shumi W, Hossain MT, Anwar MN (2004) Atividade proteolítica de um isolado bacteriano *Bacillus fastidiosus* den Dooren de jong. *Jornal de Ciências Biológicas,* 4: 370- 374.

Sidney F e Lester P (1972) Methods in Enzymology. Academic Press Inc., Nova Iorque.

Sielecki AR, Fujinaga M, Read RJ, James MNG (1991) Refined

structure of porcine pepsinogen at 1.8A resolution. *Journal of Molecular Biology*, 219:671-692.

Srinivasan MC, Vartak HG, Powar VK, Sutar II (1983) Produção de protease alcalina de alta atividade por um *Cooidiobolus sp. Biotechnology Letters* 5: 285-288.

Stoll E, Weder H G, Zuber H (1976) Aminopeptidase II de Bacillus sterothermophilus. *Biochimica aBiophysica Ata,* 438:212-220.

Sutar II, Srinivasan MC & Vartak HG (1991) Uma proteinase alcalina de baixo peso molecular de *ConiBioolus cosonatue. Biotechnology Letters* 13: 119124.

Takami H, Akiba T e Horikoshi K (1989). Produção de protease alcalina extremamente termoestável a partir de Bacillus sp no AH-101 *Applied Microbiology ahdBintechnology.* 3 0:1 2 0 -1 2 4.

Takami H, Akiba T e Horikoshi K (1990). Caracterização de uma protease alcalina de Bacillus sp no AH-101. Appi *Applied Microbiology and Biot3chnology.* 3 3:5 1 9 -5 2 3.

Tsuchiya K, Arai T, Seki K, Kimur T (1987) Purificação e algumas propriedades de proteinases alcalinas de *Cephalosporium sp*. KM388. *Agricultural and Biological Chemistry,* 51: 2959-2965.

Underkofler LA, Barton RR, Rennert SS (1957) Production of microbial enzymes and their applgications (Produção de enzimas microbianas e suas aplicações). Applied Microbiology, 6: 212-221.

Wang HL e Vespa JB (1974) Acid protease production by fungi used in soy bean food fermentation. *Jornal de Microbiologia Aplicada,* 27: 906-911.

Ward OP (1983) Proteinases. In; Forgarty, W.M. (ed.), *Microbial Enzymes and Biotechnology.* Applied Science Publ., Nova Iorque. pp. 251-317.

Ward OP (1985) Proteolytic enzymes. In: Blanch H W, Drew S Wang DIC. (eds.), *Comprenensies Biotechnology,* vol. 3. *hhe Principles, dpplicationc dnd degulations sf diolrchnoloyy in huSustry Agriculture and Medicine.* Pergamon Press, Nova Iorque, pp. 789-818.

Watson RR (1976) Especificidades de substrato das aminopeptidases: um método específico para a diferenciação microbiana. *Métodos em Microbiologia* 9:1-14.

Weiss RM e Ollis F (1980) Extracellular microbial polysaccharides I. Substrate, biomass and product kinetic equation for batch xanthum gum fermentation. *Biotechnology anOBioengineering* 22: 859-873.

Zaks A e Klibanov AM (1987) Enzyme catalysis in non - aqueous solvents. *TheJouryal ofBiological Chemistry.* 253: 3194-3201.

Gill SE, Parks WC (2008). Metalloproteinases and their inhibitors: regulators of wound healing, *hhe International Journal of Biochemical & Cell* Bzo/ogy, 40: 1334-1347.

Huxley-Jones J, Clarke TK, Beck C, Toubaris G, Robertson DL, Boot-Handford RP (2007) The evolution of the vertebrate metzincins: insights from *Ciona intestinalis* and *Danio rerio*.

BMC Evolutionary Biology, 7:63.

Chang C e Werb Z (2001). As muitas faces das metaloproteases: Cell growth, invasion, angiogenesis and metastasis. *Tendências em Biologia Celular,* 11: S37- S43.

Pedersen ME, Vuong TT, Ronning SB, Kolset SO (2015) Matrix metalloproteinases in fish biology and matrix turnover. *Matrix BiologyA^e-.* 86-93.

Vieira E, Teixeira J, Ferreira I MPLVO (2016). Valorização do grão usado de cervejeira e da levedura usada através de hidrolisados proteicos com propriedades antioxidantesAz/ropeaw *Tood ReshaocOTnC Technology*, http://dx. doi. org/10.1007/s00217- 1016-2696-y.

Virginia, M-G, Lourdes V-T, Miguel Angel A-R, Yuridia M-F, (2016) Proteases aspárticas secretadas por fungos: Uma revisão. *Revista Iberoamericana de Micologia,* 015.10.003.

Barrett A, Rawlings N, Woessner J, editores. Handbook of proteolytic enzymes. London: Academic Press; 1998.

Holm L, Sander C (1995) Dali: a network tool for protein structure comparison. *Trends in* Zh'oc/zemzca/ *Sciences*, 20:478-80. 29.

Horimoto Y, Dee D, Yada R (2009) Multifuncional aspartic peptidase prosegments. *New Bioteohnology,* 25:318-24.

Horimoto Y, Dee D, Yada R (2009) Multifuntional aspartic peptidase prosegments. *WeB Biotechnology*, 25:318-24.

Kocabiyik S and Ozel H (2007) An extracellular-pepstatin insensitive acid protease produced by *Thermoplasma volcanium.*

Bioresource Technology 98:112-7.

Boy, RG, Knapp M, Eisenhut, U, Mier, W, (2008) Enzimas/transportadores, Molecular Imaging II, Springer, pp. 131-143.

Eatemadi A, Aiyelabegan HT, Negahdari B, Mazlomi MA, Daraee H, Daraee N, Eatemadi R, Sadroddiny E, (2017). Papel dos inibidores de protease e protease na patogénese e tratamento do cancro. *Biomedicina e Farmacoterapia,* 86: 221-231.

Cantera CS, Vera VD, Sierra N, Fernández Crespo L, Escobar R (1995) Tecnologia de depilação com proteção capilar: adaptação de uma técnica de recirculação. *Journal- Society of Leather Technologists and Chemists,* 79: 12-17.

Cantera CS (2001a). Processo de desincrustação de poupança de cabelo. Parte 4: observações sobre a evolução das investigações sobre a deslustragem enzimática. *Journal- Society of Leather Technologists and Chemists,* 85, 125-132.

Cantera CS (2001b) Processo de poupança de cabelo. Parte 3: "substâncias cimentantes" e a membrana basal. *Jornal da Sociedade dos Tecnólogos do Couro e dos Químicos,* 85, 93-99.

Cantera CS (2001c). Processo de poupança do pelo: parte 1 Epiderme e características do pelo bovino. *Journal- Society of Leather Te5hnologists and Chemists,* 85: 1-5.

Valeika V, Balciuniene J, Beleska K, Skrodenis A, Valeikiene V (1997). Utilização de NaOH para a depilação de peles e a influência da adição de sais no processo e nas propriedades da pele. *Journal- Society of Leather andhnhlogists and Chemists,* 81:

65-69.

Valeika V, Balciuniene J, Beleska K, Skrodenis A, Valeikiene V (1998) Lime- free unhairing: part 2 influence of added salts on NaOH unhairing and on hide properties. *Journal- Society of Leather Technologists and Chemists,* 82, 95-98.

Valeika V, Beleska K, Valeikiene V, Kolodzeiskis, Vytautas (2009) Uma abordagem à produção mais limpa: da queima de cabelo à poupança de cabelo utilizando um sistema de remoção de cristais sem cal. *Journal of Cleaner Production,* 17: 214221.

Zhang WJ, Liao LL, Tan GY, Chen M, Dan WH, Li ZQ (2002) Hidrólise de pele de porco durante a depilação enzimática pela combinação de protease A. S 1398 e 2709. *Leather Science and Engineering,* 12: 22-26.

Printed by Books on Demand GmbH, Norderstedt / Germany